科 学 家 们 有 点 儿 忙

数学选中了你

②数学家是做什么的

很忙工作室◎著　有福画童书◎绘

3 岁发现父亲账目里的错误。

9 岁创立了“高斯求和”，也就是用简便算法计算从 1 到 100 的和。
1+2
98+99+100

15 岁开始质疑欧氏几何。

19 岁发现了正十七边形尺规作图的方法。
这是一个天赋异禀的孩子。

他就是
高斯！
高斯是世界上最重要的数学家之一，被誉为“数学王子”。
同时，他还是著名的物理学家、天文学家……
这么厉害的一位数学天才，我们一定不能“放过”他。关于数学，如果你有什么问题，尽管写信给高斯吧！他一定会给你一个满意的回答。
数学家的工作真的是你想的那样吗？

嚯，这个问题
可真不小！
宇宙的终极答案
是什么？

真是个有意思
的问题。

如果你是一个
科幻迷，那么
你也许知道这
本书。
本书作者
银河系漫游指南
道格拉斯·亚当斯

在这本书里，一个高等文明为了揭示宇
宙的终极奥秘，用一台超级电脑进行计
算和验证，花了 750 万年的时间，得到
的答案是 42！
为什么是 42？
……创作时
便想出来的！

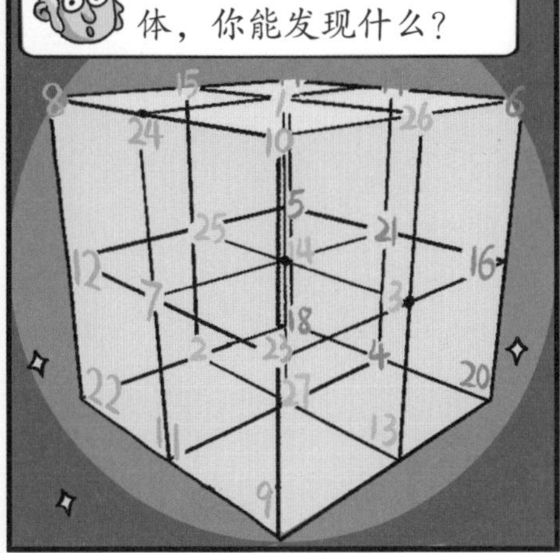

数学家猜想：除了 $9n \pm 4$ 型的自然数以外，所有 100 以内的自然数都能写成 3 个整数的立方和：$k=x^3+y^3+z^3$。

$$K=x^3+y^3+z^3$$

你可以自己算一算。

42 曾是 100 以内最后一个没有被破解的数字，数学家们经过了 60 多年的努力才找到答案。

$$42=(-80538738812075974)^3+80435758145817515^3+12602123297335631^3$$

我接着读信吧。数学家为什么会痴迷于“无用的数学”？

数学家一直算数字，岂不是浪费了聪明才智？

数学家们为什么爱猜想？

说实话，像 42 这样的发现并不会让普通人感到震惊或对数学产生兴趣。
通讯录

这样的数学研究有什么用呢？
你们为什么要做这些？
TV

这本书中可能有你看不懂的地方，但是你读完后一定会有不一样的收获。

接下来，请跟着我和高斯老师一起去寻找这些问题的答案。
P(A) = ∑ P(w)
Z = a+bi
y = ax² +bx + c
P(A|B)

等等！还没介绍你是谁呢！
一会儿就知道了！
掉了一封信！
数学家究竟是做什么的？

数学家研究的东西很难用文字去解释。
其实，他们的常用工具很简单！纸、笔，还有电脑，这些就够了！
数学家要去寻找复杂事物内在的简单规律。

好高啊！
数学家的目标就像是一座没人爬过的山，即使不知道能不能爬上去，他也要第一个去爬。
还没到吗？
翻过这座山就是智慧广场了。

到底是哪个
门呢?
我们就从 π 开始吧，
先去拜访阿基米德。
π 是几千年来数学家们追
寻的目标之一，它是希腊语
περιφρεια 的首字母。
我表示周边、地域、
圆周等意思。
经过数学家琼斯和欧拉的使用和推
广，π 终于成了圆周率的代名词。
π = 圆周率 = 周长 ÷ 直径。

约 4000 年前，古巴比伦人就对 π 进行了计算，计算结果是 3.125。虽然这个数值
存在误差，但对于古人来说已经很不容易了。
以 π 等于 3.125 这个精度，做一张直径 2 米的圆桌，周长的误差也只有 0.04 米。
完美的盖子！

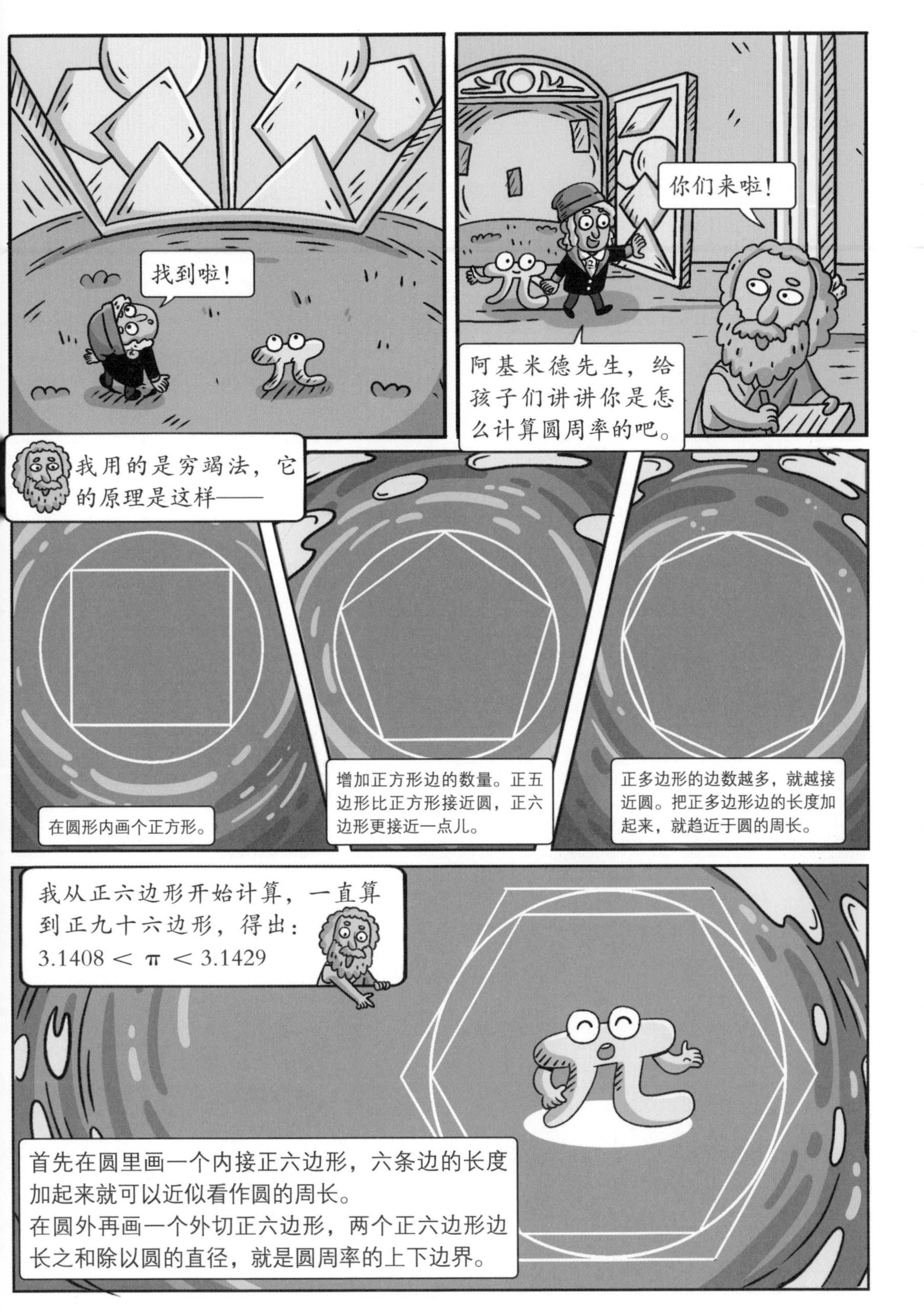
找到啦！
你们来啦！
阿基米德先生，给孩子们讲讲你是怎么计算圆周率的吧。
我用的是穷竭法，它的原理是这样——
在圆形内画个正方形。
增加正方形边的数量。正五边形比正方形接近圆，正六边形更接近一点儿。
正多边形的边数越多，就越接近圆。把正多边形边的长度加起来，就趋近于圆的周长。
我从正六边形开始计算，一直算到正九十六边形，得出：
3.1408 < π < 3.1429
首先在圆里画一个内接正六边形，六条边的长度加起来就可以近似看作圆的周长。
在圆外再画一个外切正六边形，两个正六边形边长之和除以圆的直径，就是圆周率的上下边界。

公元前 212 年，阿基米德的家乡被罗马士兵攻占。

让我再想想，就差一点儿了。

不要弄乱我的圆！
我不能给后世留下一个没有解开的几何难题……

圆周率可能是这位伟大的天才留给世间最后的财富。他的科学发现推动了社会进步，他对科学执着的追求，一直为后人所称道。
给我一个支点，我可以撬起地球！
真是可怜又可敬的阿基米德。

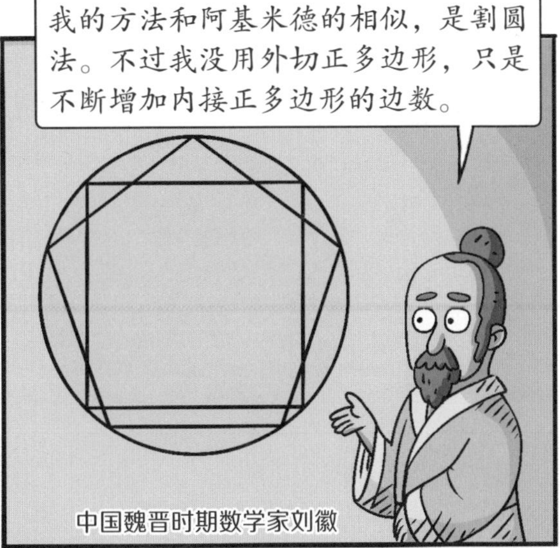

后生可畏啊！我要继续研究去了！

100 年……300 年……1000 年！
100
200
400
600
祖冲之把圆周率计算到小数点后 7 位，
这一纪录保持了近 1000 年。
1630 年，
奥地利天文学家格林伯格
将 π 精确到小数点后 38 位。
1706 年，
英国数学家梅钦
将 π 精确到小数点后 100 位。
20世纪
1949 年，
美国数学家诺伊曼利用电脑技术
将 π 精确到小数点后 2037 位。
2019 年，
谷歌宣布，
计算机将 π 精确到了
小数点后 31.4 万亿位！

3.14159265358979323846 2……
π 还可以被继续计算下去，因为它是一个无理数，它在小数点后的数字是无限且不循环的。

π 一旦算尽了，就说明真正的平滑曲线是不存在的，圆形的本质实际上是多边形，我们原有的认知会被颠覆……

不过，不用担心，至少到现在为止，π 还无法算尽。但对于未知的追求，是人类存在于宇宙中的终极意义。

数学家们为什么痴迷于计算一个不可能算到尽头的数字呢？
简单来说，每一次数学知识体系的迭代，都吸引着数学家们向 π 未知的数值继续靠近。
Buffon
高斯先生，快来看看！
法国博物学家布丰
乱糟糟一团啊！
针的长度是平行线间距的一半。我随机扔一把针。

针和平行线之间存在关联！
不愧是高斯！针的总数除以与平行线相交的针的数量，结果是π的近似值！而且投的针越多，得出的π值就越准确！
投针 2212 根
相交 704 根
2212 ÷ 704 ≈ 3.142
这是用几何形式来表达概率问题。
几何
我就说我很厉害吧！
π就是这样一个谜一样的数值，让数学家们对它充满敬畏与憧憬。
想想看，不管是什么样的圆，它的圆周除以直径一定等于圆周率。
你看到的100个点也不仅仅是100个点，它们可能都符合某条规则。用这样的眼光再去看，世界会非常有意思。

数学家们一直试图找到那些像 π 一样隐藏在表象背后的底层规律，帮助人们在迷茫中看清道路，从混乱中找到秩序。
可是研究得那么深入，对普通人来说也没什么用啊。
数学无用论
看起来像是这么回事，实际上并不是。
经过 2000 多年的发展，数学已经变得非常复杂，它不再局限于简单地处理日常生活中的琐碎问题。虽然我们可能感觉数学对日常生活的用处不大，但数学已经完全融入生活，人类社会就是在数学的推动下走到今天的。
$\sqrt{x^2+y^2}$
$y_0=y(t_0)=3\sin(2$
y
y_1
x_1
x

1963 年，美国物理学家科马克在积分变换的基础上，研究了人体不同组织对 X 射线的吸收。

1971 年，在这项数学成果的支持下，英国电气工程师豪斯菲尔德发明了第一台 CT 扫描仪，为全人类的健康做出了贡献。

这些都是数学的实际应用，但在更多的情况下，数学研究是出于自身理论的发展需要。

a+b
Goldbach
嚯，大人物啊！

哥德巴赫先生，
你也要回信吗？
不不不，我在给
欧拉写信，和他
探讨一个问题。

我希望欧拉能帮我证
明一个猜想。
8
3+5
素数 素数
10
3+7
素数 素数
哥德巴赫猜想：任何一个大于 2
的偶数，都可以写成一个素数加
上另外一个素数的和。

但是，你看他的
回信……
抱歉，这个
问题把我难
住了，我无
法证明。

我的发现可以写成这样。
N = A + B × C
任何大于6的偶数 1个素数 2个素数的乘积
22 = 7 + 3 × 5
偶数 1个素数 2个素数的乘积
22 = 11 + 11
偶数 素数 素数
也可以看作是“1+1”，一个素数加另一个素数。
貌似小学生都能看懂，实际难得要命！
刚要说我看懂了……
确实，从 18 世纪到今天，哥德巴赫猜想难倒了无数数学家。
300 年的时间里，数学家们证明了“9+9”“2+3”“1+5”“1+4”“1+3”。1966 年，中国数学家陈景润取得了重大突破，证明了“1+2”！但“1+1”仍然遥不可及，哥德巴赫猜想至今仍未被完全证明。
高斯老师，要不您试试？
太难。
1+1 未解之谜
未解之谜

这可不是你能理解的……
这个猜想看起来也没什么用处啊。

我只是偶然想到的，并没有考虑它有什么用。

只能说我们还不知道它被证明后有什么用，可能会有很大的作用。
提出猜想是推动数学发展的一个非常重要的手段，科学家们带着好奇心去探索猜想到底对不对。
好期待要去拜访的下一个人物啊！
不过，我的失败要被大家发现了。

又失败了！
高斯！
Gauss

那是某个时间点的我，快走吧。

我们去了解一下比哥德巴赫猜想更具传奇色彩的费马大定理吧！
Fermat
高斯先生请稍等，我先把这个案件处理完。

费马是一位有天赋的业余数学家，他的主业是律师。
异议

听说他有一个习惯——逃避推导过程。

我没有逃避，只是该去喂猫了。
“我可以证明这个结论，但我要去洗头了。”
他的手稿中经常出现这样的话。
请给小朋友们讲讲你的定理吧。
那是我读古希腊数学家丢番图的名作《算术》时想到的。
$x^n+y^n=z^n$
当n大于2时没有正整数解
小朋友们，你们看不懂是正常的，我也一样……
“虽然我只写下
定理，但是我已
发现了一种美妙
证法，可惜这
空白的地方太小
我写不下。”

在这个方程中，如果n等于2，有正整数解；如果n大于2，就不会有正整数解。
$x^n+y^n=z^n$
$n=2 \quad x^2+y^2=z^2 \quad 3^2+4^2=5^2$
$n=3 \quad x^3+y^3 \neq z^3$
这个问题比哥德巴赫猜想难一点儿，等你上初中就能看懂了。
骗我的吧？
这个被费马轻描淡写省略了推导过程的定理，在之后的300多年里一直是令数学家们或兴奋、或沮丧的魔咒。
听说欧拉和你都尝试过？
我们证明了n=3的情况，其他的都失败了。
你的推导过程究竟是什么呢？
你再想想，我要去洗头了！
又找理由溜走。

我在图书馆里读数学著作,恰好看到了库默尔阐释费马大定理无法证明的论文。

我太兴奋了，赶紧开始埋头研究，甚至忘记了时间。

为了鼓励大家来研究，我准备拿出 10 万马克，奖励能证明定理的人。
当时的 10 万马克约相当于 200 万美元，同一时期诺贝尔奖的奖金只有 3 万美元。
30000
2 000 000
巨款啊！

几十年过去了，计算机的出现大大提高了运算能力，科学家已经证明在 n 小于 4100 万的情况下，定理都是成立的。但是 n 大于 4100 万呢？历时 300 多年，费马大定理仍然是一个看不到尽头的黑洞。
费马大定理
41000001
1995 年，经过 8 年的研究，英国数学家怀尔斯终于证明了费马大定理。
日本数学家谷山丰和志
五郎、德国数学家弗赖
对费马大定理的最终证
起到了推动作用。
这个困扰了人类最聪明的大脑长达 300 多年的难题终于被解决了。然而，这样一个跌宕起伏的证明过程，给人类留下了什么呢？

你猜？
很好奇，费马到底不知道怎么证明？
没人知道了。
因为最后成功证明所用到的各种数学工具，300 多年前还没出现。
费马大定理没有直接改变人们的生活，哥德巴赫猜想至今也没有派上用场。
但是它们一定有自己的意义吧？
无数试图证明费马大定理却没能成功的数学家，在探索数学迷宫的黑暗道路上，不断创造新的思想，开辟新的数学分支。

哥德巴赫猜想的现实意义也和费马大定理类似，在证明过程中，数学家们有可能会发现一些解决问题的新方法。

哥德巴赫猜想于1742年提出，直到20世纪70年代，其中的某些理论才第一次被转化为具体的应用。
人们依靠数论建立起了现代密码学，我们今天的每一笔在线支付都离不开它。

所以这些数学猜想和定理，就像“下金蛋的鸡”，我们期待着它们催生出更多的理论。

对它们的研究不知道又要困扰多少聪明的大脑呢！
多亏有了电脑，它能帮不少忙啊。

20 世纪 50 年代，在美国，人们开始尝试用计算机证明数学定理。
$x^2+y^2=z^2$

1976 年，美国数学家借助计算机证明了著名的四色猜想，整个数学界为之震惊。

简单来说，四色猜想就是：一张地图只用 4 种颜色来标记就足够了。
它和哥德巴赫猜想、费马大定理并称为世界三大数学猜想。

1852 年，英国青年格斯里为地图着色时，发现每幅地图都可以只用 4 种颜色着色。

为了证明这个难题，先后好几位数学家都被难倒了。

1872 年，英国数学家凯利正式向伦敦数学学会提出了这个猜想，引起了全世界数学界的关注。
后来，有人宣布证明了四色猜想，但是他们的论证过程都被证明存在漏洞。

1913 年起，陆续有数学家证明了地图上一定数量的国家范围内四色猜想成立，但是进展非常缓慢。
<22国
22—35国
<39国
50国

这绝不是一个简单的涂色问题，而是图论和拓扑学的问题。
是这样吗？

不，是这样的！

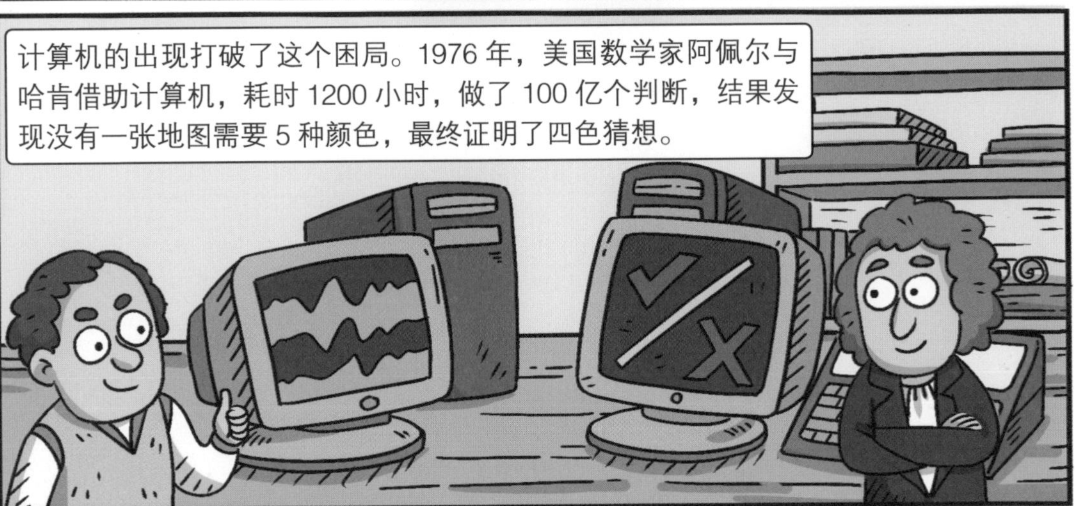
计算机的出现打破了这个困局。1976 年，美国数学家阿佩尔与哈肯借助计算机，耗时 1200 小时，做了 100 亿个判断，结果发现没有一张地图需要 5 种颜色，最终证明了四色猜想。

面对这个结果，有人惊喜，也有人怀疑，毕竟它不是通过传统方法证明的。
猜想
答案

在对四色猜想 100 多年的研究过程中，很多新的数学理论也被催生出来。
我发现猜想都一样啊，都会下金蛋！

我们的行程结束了，你有什么发现呢？

数学家们愿意花费毕生心血去研究绝大多数人认为没用的理论。

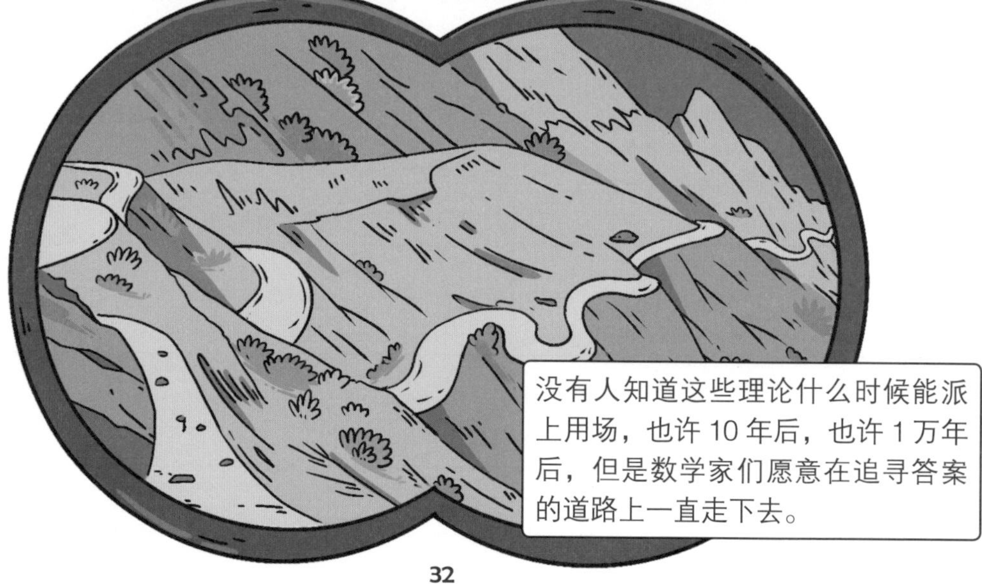

没有人知道这些理论什么时候能派上用场，也许 10 年后，也许 1 万年后，但是数学家们愿意在追寻答案的道路上一直走下去。

其实，还没有哪个数学定理被发现以后完全派不上用场。

看，这就是一个很好的例子。
路灯？电？

虚数刚被发现的时候，人们还不知道它有什么用，但是现在我们已经离不开虚数了。没有它，人们就没法描述电磁场，就没有电学……
没有电？不敢想象！

所以，数学的无用就是有用！

对于数学家工作的疑惑，你有自己的答案了吗？晚安！

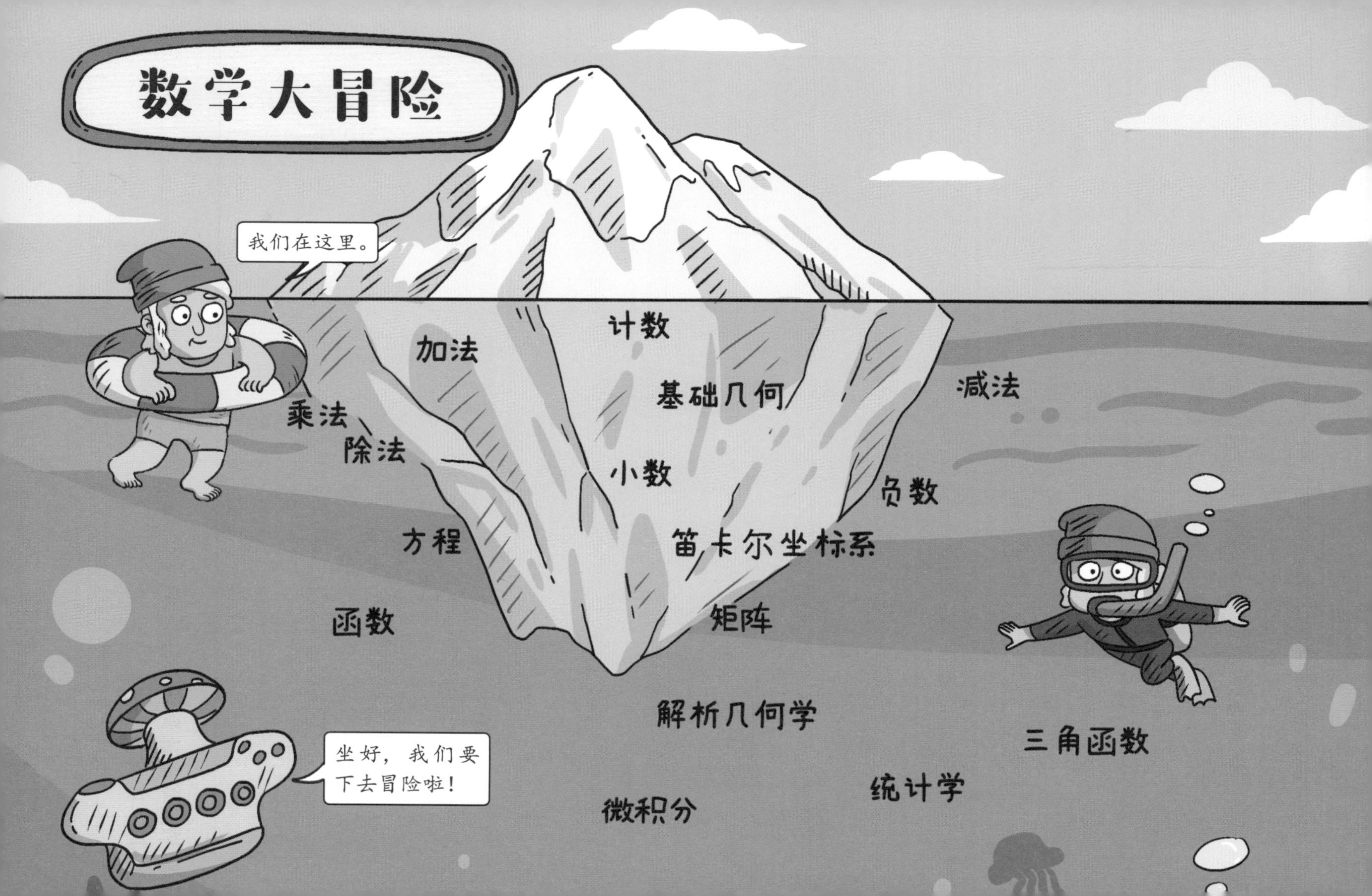
数学大冒险
我们在这里。
计数
加法
基础几何
减法
乘法
除法
小数
负数
方程
笛卡尔坐标系
函数
矩阵
解析几何学
三角函数
坐好，我们要
下去冒险啦！
统计学
微积分

密码学

博弈论

深奥的数学在这里！

拓扑学

黎曼曲面

毛球定理

分形

混沌理论

无穷小量

NP完全问题

费马大定理

庞加莱猜想

ABC猜想

纳维-斯托克斯方程

杨-米尔斯理论

黎曼猜想

BSD猜想

霍奇猜想

终极关卡，等待人类挑战哦！

一次性便笺解密

随机序列差值

整数　以0为界限，整数可以分为三大类：第一类是正整数，也就是大于0的整数，比如1、2、3……第二类是0，它既不是正整数，也不是负整数；第三类是负整数，也就是小于0的整数，比如-1、-2、-3……

整数包括自然数，所以自然数一定是整数，并且一定是非负整数。

自然数　我们在数物体的时候，用来表示物体个数的1、2、3等就是自然数。如果一个物体也没有，就用0表示，它也是自然数。

分数　把一个整体分成若干份，每一份的大小都相等，表示这其中的一份或者几份的数叫作分数。

在分数里，中间的横线叫作分数线；分数线下面的数叫作分母，表示把整体平均分成了多少份；分数线上面的数叫作分子，表示这个分数所代表的是整体中的多少份。

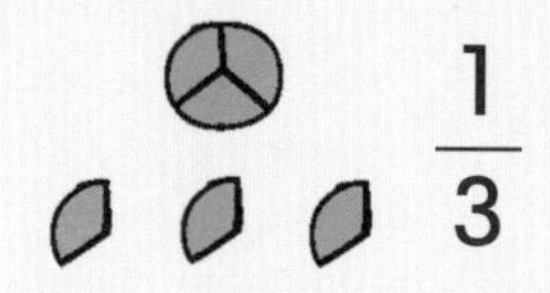

小数　把整数 1 平均分成 10 份、100 份、1000 份……得到的十分之几、百分之几、千分之几……可以用小数表示。比如$\frac{1}{10}$写作 0.1，$\frac{7}{100}$写作 0.07。

合数　合数是指除了能被 1 和它自身整除之外，还能被其他数整除的自然数。比如 10 能被 1 和 10 整除，也能被 2 和 5 整除，它就是一个合数。

素数 / 质数　素数是不能被除了 1 和自身之外的数整除的自然数，比如 3、5、7……1 既不是素数也不是合数。

公倍数　两个或两个以上自然数公有的倍数叫作这几个自然数的公倍数。比如 3 和 5 的公倍数有 15、45、60 等。

公因数　因数也叫约数。比如一个整数 6 除以另一个整数 3，除得的商正好是 2，是整数而没有余数，6 是 3 的倍数，3 就是 6 的因数。如果一个整数同时是几个整数的因数，那么这个整数就是它们的公因数。比如 12 和 16 的公因数有 1、2、4。

我的数学笔记

我在《九章算术》的“均输”一章中发现了这样一道题目。

“今有凫起南海，七日至北海，雁起北海，九日至南海。今凫雁俱起，问：何日相逢？”

这道题的意思是：野鸭从南海起飞，7天后达到北海；大雁从北海起飞，9天后达到南海。野鸭和大雁分别从南海和北海同时起飞，它们几天后能相遇？

这就是我们在课堂上常常碰到的“相遇问题”的应用题。《九章算术》给出的解法是：“并日数为法，日数相乘为实。实如法得一日。”

用通俗的话来讲，这个解法就是把从南海到北海的路程看成单位“1”，那么野鸭的速度就是$\frac{1}{7}$，雁的速度就是$\frac{1}{9}$，再根据数量关系式：相遇时间=路程÷速度，用单位“1”除以两种鸟的速度之和，就能算出它们的相遇时间。

$$1\div\left(\frac{1}{7}+\frac{1}{9}\right)=1\div\frac{16}{63}=\frac{63}{16}\text{（天）}$$

所以，野鸭和大雁将在$\frac{63}{16}$天后相遇。

我有一个问题？

既然 π 的数值已经够用了，为什么还要一直算下去？

中国科学院院士
袁亚湘

从实用角度来看，目前 π 的数值的确完全够用了，但数学家们对数学的追求是无止境的，他们一直在往下算。在数学家们计算更精确的 π 数值的过程中，新的、更快的计算方法不断地被发明出来，推动了数学的发展，而且这些计算方法也可以应用到其他领域。所以，对 π 的无限研究，其影响不仅仅体现在 π 数值的扩大，而是具有更广泛的意义。

为什么所有的数字组合都能在 π 的数值中找到？

包含所有数字组合的数，叫作合取数。显然，合取数是无理数，但并不是所有的无理数都是合取数。从目前已经得到的 π 的数值来看，它很可能是一个合取数，但是这一猜测还没有被证明。还有一个非常有名的合取数——钱珀瑙恩常数。在小数点后加上所有正整数，且使这些正整数从小到大依次排列，你就会得到一个无限不循环小数，即钱珀瑙恩常数：0.123456789101112131415161718……在这串数字中，你能找到所有的数字组合。

图书在版编目（CIP）数据

数学选中了你. 2, 数学家是做什么的 / 很忙工作室著；有福画童书绘. — 北京：北京科学技术出版社, 2023.12（2024.6重印）
（科学家们有点儿忙）
ISBN 978-7-5714-3199-0

Ⅰ. ①数… Ⅱ. ①很… ②有… Ⅲ. ①数学－儿童读物 Ⅳ. ①O1-49

中国国家版本馆CIP数据核字(2023)第156846号

策划编辑： 樊文静
责任编辑： 樊文静
封面设计： 沈学成
图文制作： 旅教文化
营销编辑： 赵倩倩　郭靖桓
责任印制： 吕　越
出 版 人： 曾庆宇
出版发行： 北京科学技术出版社
社　　址： 北京西直门南大街 16 号
邮政编码： 100035
电　　话： 0086-10-66135495（总编室）
0086-10-66113227（发行部）
网　　址： www.bkydw.cn
印　　刷： 北京宝隆世纪印刷有限公司
开　　本： 710 mm × 1000 mm　1/16
字　　数： 50 千字
印　　张： 2.5
版　　次： 2023 年 12 月第 1 版
印　　次： 2024 年 6 月第 6 次印刷
ISBN 978-7-5714-3199-0

定　　价：107.00 元（全 4 册）

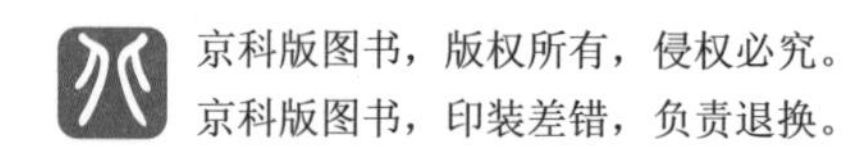